MINISTÈRE DE LA GUERRE.

MANUFACTURE NATIONALE D'ARMES DE SAINT-ÉTIENNE.

INSTRUCTION SOMMAIRE

SUR LES RÉPARATIONS

POUVANT ÊTRE EXÉCUTÉES :

1° À LA MITRAILLEUSE M^{LE} 1907,

2° À L'AFFÛT 1907

(Types C et Omnibus),

3° AUX VOITURETTES D'INFANTERIE,

PAR

LES ARMURIERS DES UNITÉS DE MITRAILLEUSES.

Janvier 1916.

MINISTÈRE DE LA GUERRE

MANUFACTURE NATIONALE D'ARMES DE SAINT-ÉTIENNE

INSTRUCTION SOMMAIRE

SUR LES RÉPARATIONS

POUVANT ÊTRE EXÉCUTÉES

1° À LA MITRAILLEUSE Mˡᵉ 1907,

2° À L'AFFÛT 1907

(Types C et Omnibus),

3° AUX VOITURETTES D'INFANTERIE,

PAR

LES ARMURIERS DES UNITÉS DE MITRAILLEUSES

PARIS

IMPRIMERIE NATIONALE

1916

TABLE DES MATIÈRES.

1° Réparations de la mitrailleuse.

2° Réparations de l'affût.

3° Réparations des voiturettes d'infanterie.

1° RÉPARATION DE LA MITRAILLEUSE
MODÈLE 1907.

a) APPAREIL MOTEUR.

1. — Remplacer les grains d'appui du canon.

Enlever successivement le canon, le piston moteur, le ressort récupérateur, le bouchon de chambre à gaz et la vis-arrêtoir de la bague-écrou ;

Dévisser la bague-écrou en maintenant avec une main la couronne graduée appliquée contre la tranche antérieure du manchon de chambre à gaz de façon à ne pas détériorer l'alésage de la couronne ;

Remplacer les grains d'appui du canon.

Remonter les différents organes dans l'ordre inverse du démontage, en ayant soin de visser la bague-écrou jusqu'à ce que son trait de repère coïncide avec celui de l'arrêtoir de couronne, et de visser à bloc la vis-arrêtoir.

2. — Remplacer la couronne graduée.

Procéder aux mêmes démontages que pour changer les grains d'appui ;
Enlever la couronne à remplacer, mettre en place la nouvelle et remonter les différents organes.

3. — Remplacer une pastille du régulateur d'échappement.

Procéder aux mêmes démontages que pour changer les grains d'appui ;

Enlever la couronne graduée et le manchon de chambre à gaz ;

Frapper à l'aide d'un morceau de bois sur la face arrière du manchon de manière à dégager la pastille qui peut adhérer contre les parois de son logement ; nettoyer ce logement des crasses qui l'embarrassent et monter la nouvelle pastille en tournant vers l'arrière sa partie évasée ;

Remonter tous les organes dans l'ordre inverse du démontage.

4. — Remplacer l'index du régulateur d'échappement.

Démonter les organes du guidon compensateur (voir n⁰ˢ 5, 6 et 7) ; chasser la goupille de support de guidon, et, à l'aide d'un maillet en bois, repousser vers l'arrière le support de guidon pour le dégager de sa queue d'aronde ;

Enlever la vis de l'index, l'index, et exécuter le remplacement ;

Remonter les organes dans l'ordre inverse du démontage.

b) APPAREIL DE POINTAGE.

5. — Remplacer un guidon ou son ressort.

Enlever la goupille du levier à galet et ce levier, puis le guidon et son ressort.

Choisir, à moins d'indication contraire, un guidon de même lettre que le guidon à remplacer.

Remonter l'ensemble guidon et ressort, en plaçant vers l'arrière la face plane du guidon qui porte la lettre indicatrice ; mettre le levier à galet dans son logement et engager le galet à l'intérieur de la cage rectangulaire du guidon; goupiller le levier.

6. — Remplacer un levier à galet.

Enlever la goupille du levier à galet et ce levier.

Remettre la nouvelle pièce en place en prenant les précautions indiquées pour remplacer un guidon.

7. — Remplacer une tige compensatrice.

Enlever la goupille du levier à galet, ce levier et le guidon ; dévisser la vis de fixation de la tige du radiateur, enlever la tige.

Mettre en place la nouvelle tige et remonter tous les organes dans l'ordre inverse du démontage.

8. — Remplacer une hausse M^{le} 1910 complète.

Dégoupiller et enlever la planche de hausse, puis le curseur ; enlever le ressort de planche en le chassant à l'aide d'un chasse-goupille introduit de bas en haut dans le trou percé dans le plafond de la boîte de culasse. Dévisser les deux vis de fixation du pied de hausse et enlever ce dernier.

Mettre en place les différents organes de la nouvelle hausse en les remontant dans l'ordre inverse du démontage (se servir d'une fausse goupille à bout tronconique pour réaliser la coïncidence des axes avant l'introduction définitive des goupilles de planche ou de curseur).

c) BOITE DE CULASSE.

9. — Remplacer le plan incliné du tonnerre.

Enlever le piston moteur, le ressort récupérateur, le canon et le système de culasse ;

Retirer l'axe de pêne ; enlever le pêne et son ressort.

Dévisser l'écrou du plan incliné du tonnerre à l'aide du tournevis à deux ergots placé dans la caisse C ; enlever la pièce à remplacer. Introduire la nouvelle pièce dans son logement par l'intérieur de la boîte de culasse ; la tige filetée en dessus, l'ergot-butée du canon en avant. Soutenir la pièce avec le doigt pendant que l'on visse à fond l'écrou sur la tige filetée ; arrêter la pièce à l'aide d'un coup de pointeau.

Remonter les autres organes de la mitrailleuse dans l'ordre inverse du démontage.

10. — Remplacer un axe de noix ou la noix.

Chasser l'axe, du côté gauche, avec le chasse-goupille de 3^m/^m8. Retenir la contre-rivure qui peut être utilisée pour le nouveau rivetage, et la noix si celle-ci n'est pas à changer.

Placer le nouvel axe dans la chape de la boîte de culasse, et dans la noix en orientant convenablement l'ergot triangulaire de façon qu'il se mette dans son logement sur la chape.

Monter la contre-rivure à l'extrémité droite de l'axe, et river l'excédent de matière en retenant la tête de l'axe avec l'extrémité antérieure du chasse-goupille. Affleurer proprement à la lime.

Si la noix est à remplacer, l'opération s'exécute de même façon que pour remplacer l'axe.

d) MÉCANISMES DIVERS.

11. — Remplacer une détente mobile.

Enlever la goupille de butée de la détente mobile, puis la détente mobile munie de son crochet;

Retirer l'axe d'appui du crochet en le repoussant du côté opposé à sa tête; démonter le crochet en lui faisant faire un demi-tour autour de son axe et le monter sur la nouvelle détente;

River un nouvel axe d'appui et affleurer la tête et la rivure aux deux faces latérales de la détente mobile;

Introduire la détente mobile, l'œil de l'axe le premier, dans le passage rectangulaire le plus large de la détente fixe et faire coïncider les trous d'axe;

S'assurer que la détente mobile fonctionne librement dans la détente fixe, river la goupille de butée et affleurer les rivures aux faces de la détente fixe.

12. — Mise en place d'un jeu de détentes.

Introduire le doigt de la détente fixe dans le logement de la boîte de culasse, en ayant soin de loger l'extrémité cylindrique du crochet de détente mobile dans la rainure rectiligne de la boîte; tirer sur le doigt de détente fixe de manière à accrocher le piston de l'appareil de réglage de vitesse et replacer l'axe des détentes dans son logement.

13. — Remplacer un axe de galet de culasse mobile.

River soigneusement l'excédent de matière du côté de la fraisure, en ayant soin de ne briser ni fausser les ailettes de la culasse mobile.

14. — Remplacer le rivet de galet de pignon-manivelle.

Régler s'il y a lieu le jeu longitudinal du galet ($0^m/^m1$ au maximum), par la tranche d'appui du rivet sur le maneton de pignon-manivelle. River avec soin l'excédent de matière du côté de la fraisure, en utilisant le tasseau cubique, et affleurer à la face du pignon.

15. — Remplacer le galet de pignon-manivelle.

Enlever le rivet, remplacer le galet, après avoir réglé son jeu (voir S 14) et placer à nouveau le rivet, comme précédemment, en utilisant s'il est nécessaire le tasseau cubique.

16. — Remplacer un ressort de levier à plan incliné de la crémaillère ou le levier lui-même.

Dégager soigneusement la contre-rivure de son logement, en repoussant seul le pivot du levier; ménager la rivure du levier pour essayer de la faire servir à nouveau; enlever les rivets du ressort cassé et river le nouveau ressort.

River ensuite le pivot du levier sur sa contre-rivure montée sur la crémaillère.

Dans le cas, assez fréquent, où le levier n'a plus assez de matière pour être rivé à nouveau, changer le levier. (Cette opération ne peut être faite qu'en manufacture.)

17. Remplacer un manchon de rochet.

Assembler dans le nouveau manchon : le rochet et son ressort ; s'assurer que le rochet pistonne librement dans la nouvelle pièce.

18. — Redresser ou changer un ergot-arrêtoir d'amortisseur.

(Mitrailleuse M^{le} 1907 non transformée.)

L'ébranlement de l'ergot dans son logement ne gêne pas le fonctionnement du mécanisme : les enrayages ne se produisent qu'après faussage considérable ou rupture de l'ergot.

a) **Redresser un ergot faussé.** — Frapper doucement l'ergot avec un morceau de bois; s'assurer ensuite qu'il est bien perpendiculaire aux tenons d'assemblage du radiateur, et qu'il ne rencontre pas la crémaillère ou le levier d'élévateur lorsque l'élévateur est à sa position extrême basse.

b) **Remplacer un ergot brisé.** — Refouler soigneusement la saillie produite sur le tenon du radiateur par le coup de pointeau-arrêtoir.

Introduire le nouvel ergot en faisant coïncider la tranche antérieure du filetage avec le plan intérieur du tenon du radiateur; pratiquer à la lime le méplat inférieur (1^{mm} de largeur) qui doit livrer passage à la crémaillère; raccorder ce méplat avec la tranche antérieure de l'ergot par un congé de 1^{mm} de rayon;

S'assurer que la crémaillère coulisse sans toucher l'ergot, et que celui-ci ne gêne pas le fonctionnement du levier d'élévateur.

19. — Mode d'emploi de l'appareil à agrandir le trou de l'évent du canon de la mitrailleuse M^le 1907 non transformée.

NOTA. — L'agrandissement de l'évent des canons des mitrailleuses M^le 1907 non transformées ne devra, en exécution des prescriptions de la Dépêche ministérielle n° 22906-2/3 du 28 février 1915, être exécuté que sur un seul canon par section, et seulement dans le cas où le démarrage ne pourrait être obtenu.

Maintenir avec la main gauche le canon démonté, la bouche dirigée en avant, le côté du tonnerre sous le bras gauche, le trou de l'évent dirigé vers le haut.

Enfiler le collier-support de l'appareil sur le canon, du côté de la bouche, le guide de la mèche dirigé vers le haut.

Amener le trou du guide en regard du trou de l'évent, rectifier cette position en introduisant la broche étagée dans le trou du guide, l'extrémité de celle-ci entrant dans le trou de l'évent; puis serrer fortement la vis de blocage du collier sur le canon et enlever la broche étagée.

A ce moment, l'opérateur emploiera un aide destiné à maintenir le canon dans la position horizontale, reposant sur un appui en bois.

A l'aide de la mèche montée sur un vilebrequin et préalablement graissée avec un peu d'huile, aléser le trou de l'évent, en faisant entrer la mèche dans le guide du collier-support, en tournant à droite et en appuyant suffisamment ; dégager la mèche quatre ou cinq fois dans le cours de l'opération en enlevant les copeaux qui y sont adhérents et en graissant chaque fois ; appuyer plus faiblement lorsqu'on arrive à la fin de l'opération.

L'opération d'alésage finie, retirer le collier-support, avoir soin de nettoyer le mieux possible l'âme du canon à l'aide de l'écouvillon et du lavoir.

Enlever soigneusement les bavures du trou, **à l'extérieur** du canon, à l'aide d'une lime très douce, en évitant d'attaquer la surface du métal ; ces précautions sont nécessaires pour maintenir l'étanchéité du grain d'appui du canon.

Les bavures intérieures n'offrent aucun inconvénient, elles disparaissent au premier tir.

2° RÉPARATIONS À L'AFFUT-TRÉPIED

MODÈLE 1907 C.

a) TRÉPIED.

1. — Remplacer un bonhomme de manivelle.

Dégoupiller le bouton en bronze de la manivelle, dévisser le bonhomme de manivelle avec la clef spéciale (contenue dans la caisse n° 2) ; enlever le bonhomme et son ressort et remplacer la pièce cassée. Remonter les pièces dans l'ordre inverse. Lorsque le bonhomme et le mouton sont remontés, repérer à l'aide d'une pointe le trou de la goupille sur le bonhomme ; percer le bonhomme à l'aide d'un foret et goupiller.

2. — Remplacer un verrou de manivelle d'arrêt de position de flèche.

Appuyer sur l'extrémité arrière du verrou à l'aide d'un tournevis, de manière à dégager le T du verrou de manivelle de son logement ; séparer le verrou, son ressort et le bouton ; changer la pièce cassée. Remplacer la vis-arrêtoir s'il y a lieu.

3. — Remplacer un axe de branche de compas.

Retirer la goupille de fixation de la bague, l'axe; rem-placer l'axe cassé et remonter dans l'ordre inverse.

4. — Remplacer le bonhomme-arrêtoir de sus-bande de boîte à tourillons.

Ouvrir les sus-bandes, enlever la boîte à tourillon, dégoupiller le bonhomme-arrêtoir, retirer le bonhomme et son ressort. Changer la ou les pièces cassées et remonter dans l'ordre inverse du démontage.

b) SUPPORT PIVOTANT.

5. — Remplacer un levier de débrayage, un jeu de mâchoires ou un ressort de mâchoires.

Séparer la boîte à tourillons du support pivotant; enlever la goupille de l'écrou du levier de débrayage, dévisser l'écrou avec la clef spéciale et retirer le levier de débrayage; enlever la goupille de la rondelle de l'axe de ressort des mâchoires; enlever l'axe du ressort; enlever la goupille de l'écrou de l'axe des mâchoires, dévisser l'écrou avec la clef spéciale et enlever la rondelle de l'axe, retirer l'axe des mâchoires; retirer les mâchoires et le ressort de mâchoires. Remplacer la pièce cassée et remonter le jeu de mâchoires en ayant soin que le ressort de mâchoires soit monté à fond sur les mâchoires. Placer d'abord l'axe de ressort de mâchoires, sa rondelle et sa goupille; l'axe de mâchoires, sa rondelle, son écrou et la goupille d'écrou, puis le levier de débrayage, son écrou et la goupille d'écrou.

6. — Remplacer l'axe de charnière de la boîte à tourillons.

Chasser la contre-rivure placée à la partie inférieure de l'axe, changer l'axe et la contre-rivure, s'il y a lieu, river et affleurer à la lime.

7. — Remplacer les osselets et les ressorts

Dévisser avec la clef spéciale l'écrou du volant de pointage en hauteur. Retirer le volant de pointage, enlever la

noix du tambour de la boîte à tourillons, changer la pièce
cassée. Remonter dans l'ordre inverse du démontage en
ayant soin de faire pression sur les osselets pour introduire la noix dans le tambour de la boîte à tourillons.

8. — Remplacer l'écrou de support de sus-bande de tourillon.

Dévisser l'écrou de support avec une clef spéciale ou à
l'aide d'un chasse-goupille et d'un marteau pour faire
tourner l'écrou. Remplacer l'écrou.

9. — Remplacer un levier-arrêtoir de sus-bande.

Enlever l'écrou de support de sus-bande comme il est
prescrit au n° 10. Retirer le support du sus-bande, dévisser
la vis-bouchon, retirer le ressort et le poussoir. Enlever le
levier-arrêtoir et son axe. Remplacer le levier cassé et
remonter les pièces dans l'ordre inverse du démontage.

10. — Remplacer la bague à oreilles de sus-bande de tourillon.

Dégoupiller la bague à oreilles, la dévisser; remplacer
la bague et regoupiller.

11. — Remplacer un arrêtoir à levier.

Dériver l'axe de l'arrêtoir à levier, retirer l'arrêtoir et
son ressort, remplacer la pièce cassée et remonter dans
l'ordre inverse, river légèrement l'axe d'arrêtoir.

3° RÉPARATIONS

AUX VOITURETTES D'INFANTERIE.

4°. — Réparer le brancard mobile en bois.

Si ce brancard n'est pas complètement cassé, on peut le
réparer à l'aide du feuillard et des vis à bois qui sont dans
la caisse aux outils. Pour cela, il faut percer les trous de
vis à l'aide d'un chasse-goupille ou d'un foret à métaux et

d'un vilebrequin. Il faut avoir soin de serrer très fortement le feuillard découpé en bande autour de la partie à consolider.

2º. — Remplacer le brancard mobile en bois.

Dévisser les trois écrous qui les relient à l'armature en fer à l'aide de la clef anglaise et chasser les boulons avec le chasse-goupille de $6^m/^m$. Dériver le crochet de retenue avec le bédane de serrurier, en ayant soin de ne pas trop affaiblir la tige.

Préparer à l'aide de la hachette, de la plane, etc., un morceau de bois de longueur et de forme se rapprochant autant que possible de celle du brancard à remplacer; river le crochet, percer les trous des boulons de fixation et remettre les trois boulons en place.

3º — Remplacer la traverse
du bâton de remorque.

La traverse du bâton de remorque peut être remplacée facilement en préparant à l'aide de la plane et de la scie un morceau de bois de dimensions suffisantes.

4º. — Remplacer le corps de servante.

Cette pièce peut se remplacer en dérivant, à l'aide de la lime et du bédane de serrurier, les rivets de fixation de la virole et de la douille; chasser les rivets avec le chasse-goupille, préparer à l'aide de la plane un morceau de bois de longueur et de diamètre convenables; river la bague et la douille, après avoir percé les trous des rivets à l'aide du vilebrequin et de la mèche à bois de $6^m/^m$.

5º. — Remplacer le tasseau-guide
des caisses de Puteaux.

Pour remplacer un tasseau, il suffit de dévisser, à l'aide du tournevis, les deux vis à bois à tête fraisée qui le relient au châssis; on fait facilement, avec le ciseau de menuisier et la scie égoïne une pièce semblable que l'on monte après avoir percé les trous de vis correspondants à l'aide de la vrille.

6º. — Remplacer la planchette de chargement.

Cette pièce peut être remplacée en dévissant les deux boulons à l'aide de la clef anglaise et en les chassant avec le chasse-goupille de 6$^m/_m$.

On prépare un morceau de bois de forme et de dimensions aussi rapprochées que possible de celles de la planchette primitive, à l'aide de la plane et de la scie égoïne; on perce les trous de boulons à l'aide de la mèche à bois de 9$^m/_m$ et du vilebrequin et on remet en place les boulons et la nouvelle pièce.

7º. — Remplacer les traverses du casier
pour caisses à munitions

Dévisser les écrous des boulons de fixation des ferrures, à l'aide de la clef anglaise; chasser les boulons ainsi que les chevilles en bois qui traversent les assemblages, à l'aide d'un chasse-goupille; dévisser, s'il y a lieu, les entretoises en tôle et les chapes en fer, à l'aide d'un tournevis.

Les nouvelles traverses peuvent être préparées à l'aide de la hachette, de la plane et de la scie égoïne; les assemblages sont faits avec la scie, le bédane de menuisier et le ciseau.

Le montage de la nouvelle traverse est fait en suivant les opérations précitées, en sens inverse.

8º — Remplacer les montants-guides
des caisses de Puteaux.

Pour remplacer un montant, il suffit de dévisser, à l'aide du tournevis, les deux vis à bois qui le relient au cadre.

La nouvelle pièce peut être préparée à l'aide de la scie et de la plane; les trous sont percés avec la vrille, après avoir repéré soigneusement les trous existant sur le cadre. On visse enfin les deux vis à bois.

Remarque. — La réparation des ferrures n'est pas à envisager, l'outillage des sections ne permettant qu'un simple redressage à froid des petites pièces en fer ou en tôle.

www.ingramcontent.com/pod-product-compliance
Lightning Source LLC
Chambersburg PA
CBHW050742070726
47597CB00009B/4039